BEI GRIN MACHT SICH IHR WISSEN BEZAHLT

- Wir veröffentlichen Ihre Hausarbeit, Bachelor- und Masterarbeit

- Ihr eigenes eBook und Buch - weltweit in allen wichtigen Shops

- Verdienen Sie an jedem Verkauf

Jetzt bei www.GRIN.com hochladen und kostenlos publizieren

Einsatz von Bindemitteln bei der Gefahrenabwehr

Arne Von Berswordt

Bibliografische Information der Deutschen Nationalbibliothek:

Die Deutsche Nationalbibliothek verzeichnet diese Publikation in der Deutschen Nationalbibliografie; detaillierte bibliografische Daten sind im Internet über http://dnb.d-nb.de abrufbar.

ISBN: 9783346715883
Dieses Buch ist auch als E-Book erhältlich.

© GRIN Publishing GmbH
Nymphenburger Straße 86
80636 München

Alle Rechte vorbehalten

Druck und Bindung: Books on Demand GmbH, Norderstedt Germany
Gedruckt auf säurefreiem Papier aus verantwortungsvollen Quellen

Das vorliegende Werk wurde sorgfältig erarbeitet. Dennoch übernehmen Autoren und Verlag für die Richtigkeit von Angaben, Hinweisen, Links und Ratschlägen sowie eventuelle Druckfehler keine Haftung.

Das Buch bei GRIN: https://www.grin.com/document/1268349

Seminararbeit

Einsatz von Bindemitteln in der Gefahrenabwehr

Inhaltsverzeichnis

1 Einleitung

In Situationen in denen ölhaltige oder chemische Substanzen austreten beziehungsweise diese entsprechenden Flüssigkeiten gelagert, transportiert oder verarbeitet werden, besteht immer die Gefahr einer Boden- und Gewässerkontamination. Des Weiteren entweichen auch bei etwaigen technischen Hilfeleistungen im Straßenverkehr verschiedenste Kraft- beziehungsweise Betriebsstoffe wie beispielsweise Benzin, Diesel oder Motoröl. Von den einzelnen Stoffen gehen neben diverse Gefahren für die Umwelt auch stoffspezifische Gefahren aus. So können Ölspuren für rutschige Straßenverhältnisse sorgen, wodurch Folgeunfälle entstehen können. Um dies zu vermeiden, wird häufig die Feuerwehr zur Gefahrenabwehr beziehungsweise dem Abstreuen und Auffangen dieser Stoffaustritte eingesetzt. In Produktionsstätten oder Industrieparks werden heutzutage beispielsweise unter Maschinen Öl-Auffangwannen positioniert, die einige Zentimeter aufgekantet für die üblichen Produktionskapazitäten ausreichendes Volumen besitzen. Um daraus resultierende Stolperstellen für Mitarbeiter zu vermeiden, gibt es, jedoch bisher eher seltener, auch in den Boden eingelassene Auffangbecken welche im optimalen Fall mit einer zentralen Sammelgrube verbunden sind.[1]

Aufgrund des hohen Gefährdungspotentials für Mensch und Umwelt ist die Gesetzgebung entsprechend streng ausgelegt. Daraus resultieren hohe Geldstrafen, in besonders schweren Fällen sogar in Verbindung mit Freiheitsstrafen. Die greifenden Gesetzgebungen sind unter anderem das Strafgesetzbuch, Gefahrstoffverordnung, Umwelthaftungsgesetz, Wasserhaushaltsgesetz, Bundes-Bodenschutzgesetz– um nur einige zu nennen. Diesen gesetzlichen Bestimmungen geschuldet, müssen unabhängig von fest installierten Schutzvorkehrungen präventiv Bindemittel bereitgestellten werden. Das Anwendungsspektrum von Bindemitteln ist vielfältig und bei weitem nicht auf Leckagen, die durch Unfälle auf Straßen und Gewässern verursacht werden festgelegt. Einige Beispiele für entsprechende Industrien sind u.a. die Schwer-, Leicht-, Kohle-, Chemie- und Lebensmittelindustrie, die Autoindustrie, Heizöllieferanten, Heizungsbau, Labore, maschinenproduzierende Bereiche, Reparaturbetriebe, Tankstellen, Transportunternehmen, Werkstätten, staatliche und kommunale Bereiche wie Bundeswehr, Flughäfen, Krankenhäuser, Wasser- und Abwasserbetriebe. Es gibt die unterschiedlichsten Produkte, die im Schadensfall zur Schadenbeseitigung beziehungsweise zur Schadensvorbeugung in Frage kommen.[2]

---

[1] (TeMedia Verlags GmbH, 2000)
[2] (ff-moringen, 2021)

2 Anforderungen an Bindemittel

Generell gilt, Bindemittel müssen die Möglichkeit erübrigen, ausgelaufene Schadstoffe beispielsweise Mineralöl oder daraus gewonnene Produkte wie Benzin, Diesel oder Heizöl aufzunehmen. Hierbei genügt es nicht, wenn das Bindemittel die Substanz nur aufnimmt, sondern diese muss auch zwingend gespeichert werden. Es gibt also eine Vielzahl an Anforderungen, die das Bindemittel erfüllen muss. Folgende Kernaufgaben sind nachweislich zu erfüllen:[3]

- Das Bindemittel muss Flüssigkeit aufnehmen und darf sie weder durch Druck noch durch Wassereinwirkung wieder abstoßen.

- Für den Einsatz bei Regen oder auf Gewässern muss der Binder wasserabeisend und schwimmfähig reagieren.

- Er muss streu- und rieselfähig sein, darf nicht Klumpen bilden und keine Fremdkörper enthalten (gilt lediglich für fest strukturierte Bindemittel).

- Er muss chemisch neutral und ungiftig sein, damit er keine Gefahr für die Umwelt darstellt.

- Die physikalische, chemische und biologische Beschaffenheit des Wassers und des Bodengrunds darf sich nicht nachteilig verändern (kurz sowie langfristig).

- Er soll brennbar sein, um zusammen mit der aufgenommenen Flüssigkeit in den dafür eingerichteten Anlagen (KVA oder Sondermülldeponie) entsorgt werden zu können.

- Auf der Strasse angewendet, sollen vorhandene Ölglätte beseitigt werden können.

- Unter den üblichen Lagerbedingungen nicht zur Zersetzung oder Selbstentzündung neigen.

- Keine Fremdkörper enthalten.

Unter bestimmten Voraussetzungen sind Abweichungen der oben genannten Bedingungen nach Absprache mit dem Umweltbundesamt (UBA) möglich. Hierzu gibt es zwei Standardregelungen:

- LTwS-Nr. 27 „Anforderungen an Ölbinder" (Stand: April 1998)[4]

- LTwS-Nr. 31 „Anforderungen an Chemikalienbindemittel"

Diese besagen, dass für Bindemittel, je nach Einsatzbereich (auf öffentlichen Straßen, Gewässern etc.) unterschiedliche Eignungskriterien gelten. Für eine aktuelle Strukturierung sowie stetige Aktualisierung und letztendlich zum Zusammentragen und bewerten, ist der DWA-Fachausschuss IG 7 GMAG verantwortlich. Dieser hat die Aufgabe, aus allen verfügbaren Informationen, die relevanten

---

[3] (Bern, 2011)
[4] (Römer & Wunderlich, 1998)

auszuwählen und anhand derer, Auswirkungen von Gefährdungen zu reduzieren, welche durch freigesetzte Wasserschadstoffe verursacht werden. Das Komitee steht stets in Kontakt mit Institutionen, die verwandte Fragestellungen bearbeiten. Anschließend werden Veröffentlichungen herausgegeben und Fachtagungen organisiert. Hierbei werden Themen mit besonderer Bedeutung von nachgeschalteten Arbeitsgruppen bearbeitet. Themenschwerpunkte sind u.a.: die Formulierung von Anforderungen an Öl- und Chemikalienbindemittel sowie Tenside, die bei Unfällen mit wassergefährdenden Stoffen zum Einsatz kommen, die Beschreibung von Einsatzkriterien für Ölaufnahmegeräte zum Schutz der Gewässer sowie Empfehlungen zur Reinigung ölverschmutzter Verkehrsflächen. Herausgeber dieser beiden Regelwerke ist das UBA. Unter Berücksichtigung der neuesten Erkenntnisse und gesetzlichen Regelungen gibt es einzelne Arbeitsblätter beispielsweise das DWA-A 716 "Öl- und Chemikalienbindemittel – Anforderungen/Prüfkriterien", welches diese zusammenfasst. Hier werden genauere Details wie die Schwimmfähigkeit, Ölhaltefähigkeit, Korngrößenverteilung, Lagerfähigkeit, Grundmaterial, Festigkeit etc. beschrieben. Auch besondere Hinweise wie die Möglichkeit der Explosionsfähigkeit, Transportvorschriften und geeignete Prüfverfahren sind darin enthalten.[5] Je nach Bindemittelspezifikation gibt es diverse Anforderungen, welche durch die Deutsche Vereinigung für Wasserwirtschaft, Abwasser und Abfall e.V. (DWA) gebündelt zusammengefasst wurden. In der folgenden Übersichtstabelle sind die wichtigsten dargestellt.

Tabelle 1:Anforderung an Bindemittel gemäß DWA-A-716[67]

Anforderung	Inhalt
DWA-A 716-1	Allgemeine Anforderungen an Öl- und Chemikalienbindemittel
DWA-A 716-2	Anforderungen an „A"-Bindemittel für saure Flüssigkeiten, z. B. Säuren (acid
DWA-A 716-3	Anforderungen an „B"-Bindemittel für basische Flüssigkeiten, z. B. Laugen
DWA-A 716-4	Anforderungen an „F"-Bindemittel für feuergefährliche, brennbare Flüssigkeiten
DWA-A 716-5	Anforderungen an „H"-Bindemittel für unpolare, organische, hydrophobe Flüssigkeiten
DWA-A 716-6	Anforderungen an „M"-Bindemittel für mit Wasser mischbare organische Flüssigkeiten (mixable)
DWA-A 716-7	Anforderungen an „O"-Bindemittel für oxidative Flüssigkeiten
DWA-A 716-8	Anforderungen an „P"-Bindemittel für polare Flüssigkeiten
DWA-A 716-9	Anforderungen an „R"-Ölbindemittel zur Anwendung auf Verkehrsflächen

[5] (Römer & Wunderlich, 1998), S.7-8
[6] (Lehmann, 2021)
[7] (DEKRA Prüfbericht-Nr.:55260489-6, 2021)

3 Typen von Bindemitteln

Im allgemeinen Kontext sind Bindemittel nach folgenden Kriterien zu beurteilen: Aufsaugvermögen, Aufsauggeschwindigkeit, geringes Eigengewicht sowie universelle Anwendungsmöglichkeit durch die zu absorbierenden Stoffe beziehungsweise Flüssigkeiten. Die kommerziell bekanntesten Bindemittel Typen sind die sogenannten Ölbinder. Charakteristisch für jene, ist ihre große äußere und innere Oberfläche sowie ihre Bindekraft, die es ermöglicht, Öle aufzunehmen und (und das ist wohl die wichtigste Eigenschaft) dauerhaft festzuhalten beziehungsweise zu binden. Das Grundmaterial ist so aufbereitet, dass es gleichzeitig ölanziehend (oleophil) und wasserabweisend (hydrophob) ist. Man unterscheidet zwischen (fein)körnigen Materialien und Sondergeometrien wie Granulaten, Kugeln, Würfeln, PP-Vliesen (Polypropylen), PP-Tüchern, PP-Kissen, PP-Schläuchen, ölbindenden Sperren etc. In Deutschland wird zwischen vier verschiedenen Typen von Ölbindern klassifiziert:[8]

Typ I: Ölbinder mit besonderer Eignung für den Einsatz auf allen Gewässern, auch für den Gewerbe- und Industriefall. Hierbei werden besonders hohe Anforderungen hinsichtlich Schwimmfähigkeit und Ölbinde- beziehungsweise Ölhaltevermögen gestellt. Entsprechendes Bindemittel ist für Langzeiteinsätze oder Präventivmaßnahmen geeignet. Die Beschaffenheit muss eine dauerhafte zumindest aber längere wasserabweisende Eigenschaft darlegen.

Typ II: Ölbinder für den allgemeinen kurzzeitigen Einsatz auf kleineren Gewässern sowie auf festem Untergrund, auch für Gewerbe und Industrie. An die Schwimmfähigkeit und das Ölbindevermögen werden geringere Anforderungen gestellt als an Typus I.

Typ III: Ölbinder für besonderen Bedarf auf festem Untergrund und befestigten Verkehrsflächen, auch für Gewerbe und Industrie. Dieser Bindertyp muss weder wasserabweisend (hydrophob), d.h. eine Aufnahme wasserbasierter Flüssigkeiten ist möglich, noch schwimmfähig sein. Einschränkungen ergeben sich hierbei bei der Verwendung im Freien beziehungsweise der damit verbundenen Nässe. Aufgrund des hohen Schüttgewichts ergibt sich eine geringe Windanfälligkeit was das Einsatzgebiet in öffentlichen Bereichen oder auf Rollbahnen in der Nähe schnell drehender Maschinen ermöglicht. [9]

---

[8] (TeMedia Verlags GmbH, 2000)
[9] (DEKRA Prüfbericht-Nr.:55260489-6, 2021)

Typ IV: Ölbinder für den Einsatz auf Gewässern mit besonderer Form (in einem Volumen von mindestens 25 l durch durchlässige Umhüllung gebunden), welche nach Gebrauch eine vollständige Bergung erleichtert oder für vorbeugende Maßnahmen besonders geeignet ist (beispielsweise Präventivmaßnahmen von Ölsperren auf Wasserbaustellen). Hinsichtlich des Absorptionsvermögens entsprechen sie Ölbindern des Typus 1, jedoch mit dem Unterschied der äußeren Form (Ölsaugschläuche, Ölsaugkissen oder Ölschlängel). Der Terminus Absorption eschreibt den Prozess der Aufnahme oder des „Lösens" eines Atoms, Moleküls oder eines Ions in einer anderen Phase. Hierbei handelt es sich nicht um eine Anlagerung an der Oberfläche (**Adsorption**), sondern um eine Aufnahme in das freie Volumen der absorbierenden Phase.

Zusatzbezeichnung "R": Zusatzbezeichnungen werden vergeben, um spezielle Spezifikationen des Bindemittels zu kennzeichnen, die entweder auf Sonderformen oder Sonderprüfungen hinweisen. Darüber hinaus werden Universal-Bindemittel angeboten, die neben Kohlenwasserstoffen beziehungsweise Ölen, auch Chemikalien, Emulsionen, Lacke, Laugen und Säuren absorbieren. Im vorbeugenden Bereich kommen hauptsächlich PP-Produkte in Form von Tüchern, Tuchrollen, Industriebodenbelägen, Barrierematten, Gleissperrmatten, Schläuchen, Kissen, Fassabdeckungen etc. zum Einsatz.

Ölbindemittel die für den Einsatz auf öffentlichen Verkehrsflächen verwendet werden, unterliegen gemäß den Verwaltungsvorschriften der Bundesländer einer Zusatzprüfung. Zuzüglich dieser gibt die Zusatzbezeichnung "R" Aufschluss darüber, dass nach dem Einsatz des Ölbinders sowie der Nachreinigung die Rutschfestigkeit des Fahrbahnbelags, insbesondere bei Nässe, 80% des Ausgangswertes nicht unterschreiten darf. Ist diese Bedingung erfüllt bekommt das Bindemittel das Siegel "R".

SRT-Wert: Zur Prüfung der Ölbindemittel für einen speziellen Einsatz auf Verkehrsflächen wird mit einem sogenannten SRT-Gerät (Skid Resistance Tester) die Griffigkeit des Straßenbelags getestet. In dem Zusammenhang spricht man also hinsichtlich der Rutschfestigkeit nach dem Einsatz von Bindemitteln von dem sogenannten SRT-Wert. Hierbei liegt die maximal zulässige Änderung bei 20 %.[10]

Neben der Unterteilung in die oben erläuterten Typen 1 – 4, gibt es generell eine weitere in festes beziehungsweise flüssiges Bindemittel.

---

[10] (DEKRA Prüfbericht-Nr.:55260489-6, 2021)

3.1 Flüssige Ölbindemittel

Üblicherweise beinhalten flüssige Ölbindemittel Produkte, die in die Kategorie Reinigungsmittel oder Tenside einzuordnen sind. Sie werden vom Umweltamt nicht direkt als Ölbindemittel deklariert und werden lediglich für das Eintreten absoluter Notfälle empfohlen. Hier greift zusätzlich die Bedingung, dass das Bindemittel unmittelbar nach dem Einsatz vollständig aufgenommen werden muss.

Ein besonderer Fall stellt hier der Einsatz auf Gewässern dar. Vor dortiger Anwendung, gegen beispielsweise Ölschlieren, ist eine Genehmigung der örtlichen Umweltbehörden notwendig. Vernachlässigt man diese Bedingung, so begeht man eine direkte Straftat aufgrund der Tatsache, dass die Produkte die Umwelt erheblich belasten und z.b. vermehrt zu Fischsterben führen können. Die Funktionsweise der klassischen Tenside besteht darin, sich an der Grenzfläche zwischen (unpolarem) Öl und (polarem) Wasser anzureichern und so die Grenzflächenspannung herabzusetzen. Hierdurch wird die Bildung einer Emulsion ermöglicht und verhindert, dass omnipräsente ölfressende Mikroben die Ölverunreinigung auflösen. Durch die Emulsion (feinste Verteilung der Öltröpfchen im Wasser) wird der aufliegende Ölteppich zwar aufgelöst, die Kontamination bleibt jedoch vorhanden. Hier besteht allerdings die Gefahr, dass diese von Fischen gefressen werden und diese aufgrund der Toxizität sterben.

Um entsprechende Umweltschäden zu vermeiden, gibt es inzwischen flüssige Ölbindemittel, die auf Basis nachwachsender Rohstoffe eine gewisse Nachhaltigkeit sowie Umweltverträglichkeit abbilden. Hier gibt es ein auf mineralisch-elastomerer Basis (keine Details gem. Produktdatenblatt) hochkonzentriertes Bindemittel der Firma Schucu.[11] Dieses fördert sogar das Wachstum ölfressender Mikroben ohne dabei an Saugleistung einzubüßen. Zur Anwendung kommt dieses bei z.B. der Sanierung ölverseuchter Böden. Auch Ölspuren auf Straßen können, ebenso wie Verunreinigungen in Industrie und Handwerk, somit umweltfreundlich entfernt werden.

Da die Ölbinder und das Gemisch aus Ölbinder und Öl anschließend wieder aus dem Wasser entfernt werden sollen, ist es wichtig eine entsprechende Schwimmfähigkeit sicherzustellen. Diese variiert je nach Ölbinder Typ zwischen ≥ 95% und ≥ 80%.

---

[11] (Curths, 2020)

3.2 Feste Ölbindemittel

Grundlegend werden fest strukturierte Ölbindemittel nach Ihrem Basismaterial differenziert. Hierbei gibt es die in der nach folgenden Auflistung aufgezeigten Unterteilungen.[12] Es lässt sich die Beschaffenheit fester Ölbindemittel wie folgt kategorisieren:

- Moler- oder Diatomeenerde/ Kieselgur
- Blähton beziehungsweise weißer Porenbeton aus dem Recycling z.b. von Bausteinen
- Polyurethanflocken aus dem Kühlschrank- oder Isolierstoff-Recycling
- Elastomer-mineralische Ölbindemittel
- Maisspindelgries, Torf, Textil /Celluloseflocken, Lederflocken
- Vliestücher
- Ölbindende Wachse

Diese Bindemittelarten wirken basierend auf unterschiedlichen chemischen beziehungsweise physikalischen Prinzipien. Hier ist hauptsächlich die Absorption beziehungsweise Adsorption anzumerken. Hierbei bedeutet „absorbierend" gleich "aufsaugend" und "adsorbierend" gleich "anlagernd". Teilweise treten Adsorption und Absorption gleichzeitig in unterschiedlicher Stärke auf je nach Ausprägung. Je nachdem wird Öl auf Basis unterschiedlicher physikalischer Wirkung festgehalten. Jedes Mittel beziehungsweise die dahinter steckende Technologie weist spezifische Vor- und Nachteile auf. Entsprechend individueller Beschaffenheit ergeben sich unterschiedliche Einsatzgebiete.[13]

Ölbinder (adsorbierend): Im Bereich Adsorption werden vorrangig elastomere Ölbinder für beispielsweise Straßen- und gefestigte Wege sowie ruhige Gewässer verwendet. Hier wirken molekulare Kräfte, die sogenannten van der Waals Kräfte, die wie ein Magnet die Verunreinigung an den Partikeln anlagern. Mit van-der-Waals-Kräften werden die relativ schwachen nicht-kovalenten Wechselwirkungen zwischen Atomen oder Molekülen beschrieben. Diese Kraft tritt im Allgemeinen zwischen unpolaren (ungeladenen) Kleinstteilchen (Edelgasatome, Moleküle) auf und führt zu einer schwachen Anziehung dieser Kleinstteilchen. Dabei binden die Partikel des Bindemittels Öle schnell und halten diese durch molekulare Kräfte- somit adsorbierend an der Kornoberfläche, ohne dass das Öl erst anderweitig mit dem Bindemittel behandelt werden muss.

Wassermoleküle jedoch werden von der Kornoberfläche abgestossen. Diese beiden Eigenschaften werden durch den hydrophoben und olephilen Charakter des Bindemittels hervorgerufen.[14]

---

[12] (DEKRA Prüfbericht-Nr.:55260489-6, 2021)
[13] (Schucu, 2021)
[14] (TeMedia Verlags GmbH, 2000)

Ölbinder (absorbierend): Hierunter verstehen sich gewöhnlicherweise saugende Materialien, welche Öle und andere Flüssigkeiten in Ihren Poren wie ein Schwamm aufnehmen beziehungsweise absorbieren. Das sind unteranderem Ölbinder basierend auf Porengestein, Ton- oder auch Polyurethanflocken und Watteschwämme beziehungsweise die meisten Sorbents. Granulatkörner mit einer üblichen Körnung von bis zu 4,3 in Tonkörnern weisen den Nachteil auf, dass das Öl mit hohem Aufwand, wie in der unten stehenden Abbildung erkennbar, erst in die Hohlräume eingerieben werden muss. Anhand von Zusatzbezeichnungen ist erkennbar welche Eigenschaften die Bindemittel besitzen und wie diese anzuwenden sind.[15] Für den Einsatz auf Gewässern gilt als Empfehlung der GVB die ausschließliche Verwendung von Bindevlies.[16]

Abbildung 1: Ölbindemittel wird mithilfe von Besen in die Ölspur einmassiert um dieses über die Poren aufzunehmen.[17]

Je nach Ölbinder Typ dürfen gemäß LTwS-Nr.17 bestimmte Grenzen an Ölbinderbedarf (Vol-%) (Typ1 max.350, Typ 2 max. 600, Typ 3 max. 350, Typ 4 max. 350) nicht überschritten werden. Eine wichtige Eigenschaft ist die Korngrößenverteilung, diese gliedert sich in Feinkorn- und Grobkornanteil. Im Hinblick auf eine Staubbelästigung für das Einsatzpersonal, den Verlust an Ölbinder durch

---

[15] (DEKRA Prüfbericht-Nr.:55260489-6, 2021)
[16] (Bern, 2011)
[17] (Lehmann, 2021)

Windeinwirkung, erschwertes Bergen nach dem Einsatz und der Verringerung der elektrostatischen Aufladung soll der Feinkornanteil so gering wie möglich ausfallen. Bei Ölbindern, die zum Einsatz auf Verkehrsflächen geeignet sind, kann jedoch der Feinkornanteil einen erheblichen Einfluss auf die Wirksamkeit haben. Der Anteil an Ölbinder der Körnung kleiner als 0,125 mm ist auf der Verpackung anzugeben. Der angegebene Anteil darf in der Fertigung nicht um mehr als 10% (relativ) überschritten werden. Bei Erzeugnissen zum Einsatz auf Verkehrsflächen ist eine Unterschreitung um mehr als 10% (relativ) unzulässig. Bezüglich des Grobkornanteils dürfen Ölbinder der Typen I, II und III einen Grobkornanteil > 4 mm von höchstens 10 Gew.-% haben; Ölbinder mit höherem Grobkornanteil und nicht siebbare Ölbinder sind als Sonderformen zu deklarieren.

3.3 Chemikalienbindemittel

Für die Aufnahme von Chemikalien gibt es eine breite Palette verschiedener *Chemikalienbindemittel*, unter anderem für die Anwendung in der Industrie, auf Verkehrsflächen oder in Gewässern. Es ist besonders auf die korrekte Auswahl zu achten. In der Regel sind diese auch für aggressive Stoffe wie Säuren und Laugen geeignet. Um eine grundsätzliche Gefahrenabwehr gewährleisten zu können, wird üblicherweise ein Universalbinder verwendet. Dieser hat ein breites Einsatzsprektrum und umfasst die Aufnahme organischer und anorganischer Säuren und Laugen, Alkoholen, Aldehyden, Aminen, Ester, aromatischen, chlorierten und aliphatischen Kohlenwasserstoffen sowie sämtlichen Stoffgemischen. Alternativ bietet sich auch die Verwendung von Bindevlies an, dass bis zu ca. 25% teurer ist als die üblichen Granulate, jedoch das 10- 25-Fache ihres Eigengewichts binden. Auch diese sind aufgrund individueller Spezifikation gegenüber aggressiven Stoffen resistent. Somit kann Material eingespart und entstehender Abfall reduziert werden. Im Sinne der Nachhaltigkeit könne auch spezielle Bindevliese aus Recycling- und Abfall-Materialien eingesetzt werden. [18]

Einen besonders individuellen Umgang erfordern beispielsweise Unfälle mit Chemikalien, die heiß transportiert werden und bei einer Leckage erstarren. Bevor diese Produkte mit entsprechendem Bindemittel aufgenommen werden können, müssen sie mit an der Unfallstelle erzeugtem heißem Wasser oder herangeführtem Kondensat gelöst werden. Im Anschluss daran erfolgt das oben genannte Vorgehen um die Substanz aufzunehmen. Bei der Aufnahme ist zu berücksichtigen, dass das Bindemittel die Eigenschaften des aufgenommenen Stoffes erlangt und daher vollständig geborgen, behandelt und fachgerecht entsorgt werden muss. Die abfallrechtlich zwingend gebotene Abräumbarkeit des mit einer Chemikalie kontaminierten Bindemittels kann in Kombination mit Ölbindemitteln, die aufgrund mechanischer Festigkeit keine pulverigen Feinkornanteile beinhalten und folglich kehrfähig sind, wesentlich verbessert werden.

---

[18] (Bern, 2011), S.1

4. Anwendung von Bindemitteln

Zu einem Großteil werden Bindemittel im industriellen Bereich beispielsweise Mineralöl-, Pharma-, oder Chemieindustrien als Präventivsubstanz bereitgehalten. In erster Linie dient dies zum Aufnehmen produktionsbedingter Leckagen. Der Austritt von Gefahrstoffen, aufgrund von Leckagen unterschiedlichster Ursache beispielsweise Korrosion, und deren unkontrollierte Ausbreitung stellt ein bedeutendes Arbeitssicherheits- und Umweltrisiko in vielen Bereichen der Produktion dar. Die Ursachen sind verschiedensten Ursprungs, ob defekte Behälter durch äußere oder innere Korrosion oder mechanische Beanspruchungen, undichte Tanks und Leitungsverbindungsstellen, leckageanfällige Maschinen beziehungsweise Maschinenmotoren, beschädigte Schläuche von Hydrauliksystemen oder Transport- und Lagerunfälle.[19]

Ein weiteres Einsatzgebiet von unterschiedlichsten Bindemitteln ist die Ölschadenbeseitigung auf Verkehrsflächen. Hier bietet das Merkblatt DWA-M 715 Empfehlungen zur Bekämpfung von Verkehrs-beziehungsweise Umweltgefährdungen durch Ölunfälle sowie zur Reinigung ölkontaminierter Verkehrsflächen. Hierunter fallen u.a. Autobahnen, Flughäfen, Hafenbecken oder Bahnhöfe.[20]

Grundsätzlich werden die Anwendungsfälle in folgende drei Kategorien unterteilt:

- <u>Fester Boden:</u> Das Bindemittel wird auf den kontaminierten Boden aufgetragen und anschließend eingekehrt beziehungsweise mit einer Maschine eingerieben, danach zusammengekehrt. Das mit dem Gefahrstoff gemischte Ölbindemittelgut muss vor Abschluss des Einsatzes zur Abwendung von Umweltschäden an Boden und Wasser vollständig aufgenommen werden.

- <u>Erstarrte Produkte:</u> Solche Produkte dieser physikalischen Eigenschaft unterliegend, sind mit heißem Wasser zu lösen und mit Bindemittel aufzunehmen. Häufig so kontaminiertes Erdreich kann ausgekoffert und dem Hersteller zur Entsorgung zurückgeführt werden.

- <u>Offene Gewässer:</u> Das spezielle schwimmfähige Bindemittel wird auf das Gewässer aufgetragen und/oder Ölsperren, wie in der nachfolgenden Abbildung 2 dargestellt, ausgebracht. Nachdem es das Öl aufgesaugt hat, wird es mit Hilfe von Sieben beziehungsweise speziellen Einheiten wie beispielsweise Rechen wieder eingesammelt. Alternativ existieren Skimmersysteme zur Verwendung.

---

[19] (Uhlig, 2020)
[20] (Lehmann, 2021)

Abbildung 2: Feuerwehr bei der Ausbringung einer Schwimmermatte[21]

Die Verwendung solcher schwimmenden Ölsperren bringt gewisse Anforderungen mit sich. Bei der Anwendung dieser kommt es auf den Einbringwinkel, die Sperrenlängen und der an der Verankerung wirkenden Zugkraft bei verschiedenen Fließgeschwindigkeiten an. Schwimmende Ölsperren können nur dann wirkungsvoll eingesetzt werden, wenn die senkrecht auf die Ölsperre wirkende Anströmgeschwindigkeit des Wassers stetig unterhalb 2m/s liegt. Auch muss eine Eintauchtiefe, je nach Anfertigung, zwischen 0,2 – 0,4 m eingehalten werden.[22]

---

[21] (Schucu, 2021)
[22] (GMBI, 1992), S.4-5

5 Gefahren beim Einsatz von Bindemitteln

Alle Öl- und Chemikalienbinder haben gemeinsam, dass sie flüssige Gefahrstoffe wie beispielsweise Kohlenwasserstoffe unter anderem aufsaugen oder adsorbieren. Vor allem bei Chemikalienbindern darf es dabei zu keinen gefährlichen Reaktionen kommen. Besonders die Porosität von entsprechenden Granulaten macht diese zum Katalysator für brennbare Flüssigkeiten, da durch die größere Oberfläche leichter eine Verbrennungsreaktion in Gang gesetzt werden kann, der sogenannte Dochteffekt. Hier kann als Beispiel der Dieselkraftstoff genannt werden, dieser lässt sich mit einem Feuerzeug nahezu nicht entzünden, wird jedoch Chemikalienbindemittel darauf gegeben, ist dies problemlos möglich. Aufgrund des niedrigeren Flammpunkts ist diese Gefahr bei Benzin noch deutlich höher, weswegen in solchen Fällen immer der Brandschutz sichergestellt werden sollte. Auch ist die Gefahr zu beachten, die durch ausgasende Schadstoffe dem Bindemittel unter anderem entweicht. Hierbei besteht je nach Konzentration beziehungsweise Gefahrstoff Explosionsgefahr. Letzteres ist stark von der aufgenommenen Menge sowie der Zündtemperatur beziehungsweise den Umgebungsumständen abhängig. Beispielsweise werden aus Mineralöl gewonnene Kraftstoffe wie Kerosen, Benzin, Diesel oder Heizöl mit Ölbindemittel oft unterschätzt. In diesem Zusammenhang gilt es noch zu erwähnen, dass verwendetes Bindemittel schnellstmöglich wieder aufzunehmen und in verschließbare beziehungsweise abdeckbare Behälter zu füllen ist.[23]

Die Handhabung verhält sich wie folgt, das Bindemittel wird auf die ausgelaufene Flüssigkeit gestreut und dort mit einem geeigneten Besen (zum Beispiel Piassava-Borsten) eingearbeitet. Hierdurch wird erreicht, dass das Bindemittel auch in Bodenritzen eingearbeitet wird und dort die Flüssigkeit aufsaugen kann. Bei jeder Art von Leckage ist auch die Unfallstelle bis zur Wiederherstellung der vollständigen Verkehrssicherheit zu sichern. Gegebenenfalls muss die Reinigung wiederholt werden unter Umständen mit Tensiden. Wenn sich das Bindemittel dunkel verfärbt (sogenannte gesättigte Aufnahme), sollte es durch einen frischen Öl- Chemikalienbinder ersetzt werden, um den Bereich sicher zu halten. Das verhindert vor allem, dass ausgelaufene Flüssigkeiten in Gräben, Schächten, Rinnen und Gewässer gelangen. Ist beispielsweise die Verkehrssicherheit wiederhergestellt (mindestens 80 % der Rutschfestigkeit), sind die Bindemittel und aufgenommene Reinigungs-flüssigkeiten einer fachgerechten Entsorgung unter Beachtung der ADR und der Abfall-verordnung zuzuführen.

Ein universelles Bindemittel für alle flüssigen Chemikalien gibt es aufgrund der chemischen Vielfalt bezüglich der Stoffe als auch der Bindemittel nicht. Es können keine einheitlichen Anforderungen für

---

[23] (Römer & Wunderlich, 1998)

alle Anwendungszwecke deklariert werden. Deshalb werden die Anforderungen an Öl- und Chemikalienbindemittel in eine Arbeitsmappe mit mehreren Teilen niedergelegt, wobei Teil 1 die allgemeinen Anforderungen und Prüfverfahren für alle Öl- und Chemikalienbindemittel beinhaltet. Sämtliche Handhabungsregularien wurden in der ehemals LTwS 27 „Anforderungen an Ölbinder" sowie ehemals LTwS 31 „Anforderungen an Chemikalienbindemittel" zusammengefasst. Im Rahmen der Überarbeitung dieser und der damit einhergehenden Überführung in das Regelwerk der Deutschen Vereinigung für Wasserwirtschaft, Abwasser und Abfall (DWA e.V.) wird diese Schrift zurückgezogen und verliert damit ihre Gültigkeit. Prüfungen auf der Grundlage der LTwS-Schrift Nr. 31 werden nicht mehr durchgeführt und Prüfzeugnisse nicht mehr erteilt. Das relevante Nachschlagewerk betitelt sich DWA-A 716-1 „Öl- und Chemikalienbindemittel – Anforderungen /Prüfkriterien - Teil 1: Allgemeine Anforderungen" sowie DWA-A 716-9 „Öl- und Chemikalienbindemittel – Anforderungen/Prüfkriterien - Teil 9: "Anforderungen an „R" - Ölbindemittel zur Anwendung auf Verkehrsflächen (road / Straße)".[24]

---

[24] (Wunderlich, 2000)

6   Fazit

Der Haupteinsatzzweck von Bindemitteln ist die Verringerung der Kontamination von Oberflächen. Des Weiteren kann es als einfaches Hilfsmittel zur Verhinderung der weiteren Ausbreitung eingesetzt werden. Zur Eindämmung von Leckagen ist die Verwendung von speziellen Bindemitteln somit unvermeidlich. Es gilt hinsichtlich möglicher präventiver Maßnahmen, dass im Auffangbehälter gelagertes Bindemittel in der Regel fehl am Platze ist. Das Bindemittel dient lediglich zur Aufnahme und zur Verhinderung der weiteren Ausbreitung bereits ausgelaufener Flüssigkeiten und ist so zu verwenden. Jeder Bindemitteltyp ist für spezielle Einsatzgebiete spezifiziert.

Von Vorneherein gilt für den Einsatz von Bindemitteln zur Gefahrenabwehr das Wissen um die verschiedenen Gefahrstoffe, um diese im Falle einer Leckage rechtskonform zu sichern und mit dem geeigneten Bindemittel zu entfernen. Hier gilt als Faustregel: Ist der Stoff gänzlich unbekannt, so sollte nur Universal-Bindemittel eingesetzt werden. Auch hierbei kann es zu sichtbaren Reaktionen mit der aufzunehmenden Substanz kommen. Das Bindemittel nimmt trotzdem die Flüssigkeit auf und erfüllt seinen Zweck, sofern mit dem Gefahrstoff kompatibel. Mit welchen Stoffen das Bindemittel sichtbar reagiert ist im Sicherheitsdatenblatt hinterlegt.

Abschließend zu erwähnen ist, dass das Aufbringen von Ölbindemittel die am häufigsten verwendete Sofortschutzmaßnahme nach Schadensfällen durch austretende Mineralölprodukte darstellt.

II. Literaturverzeichnis

Bern, F. K. (2011). *Ölbindemittel.* Bern: GVB.

Curths, H.-H. (2020). *Oekoportal.* Von https://oekoportal.de/members/schucu-oelbinder-oelbindemittel abgerufen

DEKRA Prüfbericht-Nr.:55260489-6. (2021). *RAW-International.* Von https://raw-international.com/spill-control/oelbindemittel-und-chemikalienbindemittel/anforderungen-an-oelbindemittel-und-chemikalienbindemittel/ abgerufen

ff-moringen. (12 2021). Von ff-moringen: https://www.ff-moringen.de/index.php?id=58 abgerufen

Georg-August-Universität Göttingen. (02 2021). Sicherheitswesen und Umweltschutz. Göttingen, Niedersachsen, Deutschland.

GMBl. (1992). Merkblatt für den Einsatz vorgefertigter, schwimmender Ölsperren auf Binnengewässern. (S. 4-6). BMU.

Lehmann, W. (2021). *Feuerwehr-ub.* Von https://www.feuerwehr-ub.de/fachartikel/oelbindemittel-und-geraete-wirksam-einsetzen/ abgerufen

Römer, D., & Wunderlich, D. (1998). Beirat beim Bundesministerium für Umwelt, Naturschutz und Reaktorsicherheit. *Lagerung und Transport wassergefährdender Stoffe (LTwS).* Ludwigshafen: Umweltbundesamt.

Römer, R. (1999). Lagerung und Transport wassergefährdender Stoffe. *BEIRAT BEIM BUNDESMINISTERIUM FÜR UMWELT, NATURSCHUTZ UND REAKTORSICHERHEIT* (S. 6 ff.). Umweltbundesamt.

Schucu. (20. 10 2021). *oel-bindemittel.* Von https://www.oel-bindemittel.de/allgemeines-wissen-%C3%B6lbinder abgerufen

TeMedia Verlags GmbH. (15. 05 2000). *sicherheits.berater.* Von https://www.sicherheits-berater.de/startseite/artikel-ohne-abo/gefahrenabwehr-mit-bindemitteln.html abgerufen

Uhlig, M. (2020). *www.chemtech-erlangen.de.* Von https://www.chemtech-erlangen.de/kategorien/Gefahrstoff-Leckagen-Unfall-und-Havarie-management-fuer-Mensch-Umwelt-Justrite-Behaelter--194/ abgerufen

Wunderlich, M. (2000). Hinweise für Einsatzmaßnahmen nach Schadensfällen mit wassergefährdenden Stoffen. *BEIRAT BEIM BUNDESMINISTERIUM FÜR UMWELT, NATURSCHUTZ UND REAKTORSICHERHEIT* (S. 12 ff.). Ludwigshafen: Umweltbundesamt.

III. Abbildungsverzeichnis

IV. Tabellenverzeichnis

V. Abkürzungsverzeichnis

BMU	Bundesministerium für Umwelt, Naturschutz und Reaktorsicherheit
DWA	Deutschen Vereinigung für Wasserwirtschaft, Abwasser und Abfall e. V.
GMAG	Gerätschaften und Mittel zur Abwehr von Gewässergefährdungen
GVB	Gebäudeversicherung Bern
KVA	Kehrrichtverbrennungsanlage
LTwS	Lagerung und Transport wassergefährdender Stoffe

BEI GRIN MACHT SICH IHR WISSEN BEZAHLT

- Wir veröffentlichen Ihre Hausarbeit,
  Bachelor- und Masterarbeit

- Ihr eigenes eBook und Buch -
  weltweit in allen wichtigen Shops

- Verdienen Sie an jedem Verkauf

Jetzt bei www.GRIN.com hochladen und kostenlos publizieren